BEI GRIN MACHT SICH IHR WISSEN BEZAHLT

- Wir veröffentlichen Ihre Hausarbeit, Bachelor- und Masterarbeit

- Ihr eigenes eBook und Buch - weltweit in allen wichtigen Shops

- Verdienen Sie an jedem Verkauf

Jetzt bei www.GRIN.com hochladen und kostenlos publizieren

Bibliografische Information der Deutschen Nationalbibliothek:

Die Deutsche Bibliothek verzeichnet diese Publikation in der Deutschen National-
bibliografie; detaillierte bibliografische Daten sind im Internet über http://dnb.d-
nb.de/ abrufbar.

Impressum:

Copyright © 2016 GRIN Verlag
Druck und Bindung: Books on Demand GmbH, Norderstedt Germany
ISBN: 9783668727434

Dieses Buch bei GRIN:

https://www.grin.com/document/428459

Erik Leitenberger

Einsatz von Virtual- und Augmented Reality Anwendungen zu Schulungszwecken

GRIN Verlag

Hochschule Darmstadt

Fachbereich Elektrotechnik und Informationstechnik

Studiengang Wirtschaftsingenieurwesen Master

Simulation zu Trainingszwecken

Seminararbeit in Prozesssteuerung- und -regelung

Einsatz von Virtual und Augmented Reality Anwendungen zu Schulungszwecken

---

Kurzfassung

Simulation, Training, Virtual Reality, Augmented Reality

Der Einsatz moderner Technologien wie Virtuell und Augmented Reality zu Trainingszwecken wird in dieser Hausarbeit erarbeitet. Nach einer Abgrenzung der Themen Training, Simulation und Wahrnehmung wird speziell auf Simulationsmöglichkeiten sowie Ein- und Ausgabegräte eingegangen. Abschließend werden die Gefahren und Potenziale dieser Technologien erörtert und ein Fazit gezogen.

Abstract

Simulation, Training, Virtual Reality, Augmented Reality

New technologies like Virtual- or Augmented Reality are powerful tools for Training purposes. After a introduction to training, simulation and perception, this paper will focus on Simulation technologies as well as Simulation Hardware. After that the, threads an potentials of Simulation technologies will be discussed.

1 Einführung in Simulation zu Trainingszwecken

Berufliches Training ist in einer Welt mit immer komplexeren Prozessen und zunehmend steigenden Anforderungen an Arbeitnehmer, ein unverzichtbarer Bestandteil der Arbeitswelt. Hinzu kommt ein immer weiter steigender Kostendruck bei Aus- und Weiterbildung von Mitarbeiterinnen und Mitarbeitern. Um im Wettbewerb bestehen zu können, müssen kostengünstige Trainingsmöglichkeiten gefunden werden. Die Globalisierung stellt darüber hinaus die Herausforderung, geografisch ungebundene Fortbildungsmöglichkeiten anzubieten.

Die sichere Aus- und Weiterbildung von Arbeitskräften stellt seit jeher eine Hürde dar. So wurde in der Pilotenausbildung schon früh nach Möglichkeiten gesucht, ohne Risiko für Trainierende oder Unbeteiligte, eine möglichst realistische Trainingssituation abzubilden. Die ethischen Aspekte, beispielsweise in der Medizin, spielen in diesem Zusammenhang einen weiteren wichtigen Aspekt, in der Fachkräfteausbildung.

Durch eine verstärkte Nutzung von Medien und Technologien wie Video, Smartphones, Tablets und dergleichen, steigt auch der Anspruch der Trainierenden, diese Medien und Technologien in der Aus- und Weiterbildung einzusetzen. Aktuelle Studien zeigen darüber hinaus, dass der Lernerfolg deutlich gesteigert werden kann, wenn möglichst viele Sinne, der menschliche Wahrnehmung beim Lernen genutzt werden.[1]

Zur Umsetzung von Simulationen im Kontext der beruflichen Nutzung, stehen eine Vielzahl neuer Technologien zur Verfügung. Es werden die Übergruppen Virtual Reality und Augmented Reality betrachtet, um anschließend auf verschiedenen Ein- und Ausgabegeräte ein zu gehen. Doch diese Technologien bergen nicht nur Potenziale. Vor allem die Auswirkungen auf die Gesellschaft sind noch nicht absehbar und müssen in einem intensiven gesellschaftlichen Diskurs erarbeitet und berücksichtigt werden.

---

[1] (Macho & Kuhn, 2017)

2 Betriebliches Training

Wie eingangs erwähnt war, ist und wird betriebliches Training, elementarer Bestandteil von Unternehmensaktivitäten sein. Dieser Abschnitt möchte betriebliches Training erläutern und auf Besonderheiten eingehen. Training ist im deutschen Sprachgebrauch eher aus dem Sportbereich geprägt, was anhand der folgenden Definition deutlich wird:

„Training ist, die planmäßige Durchführung eines Programms von vielfältigen Übungen zur Ausbildung von Können, Stärkung der Kondition und Steigerung der Leistungsfähigkeit" [2]

Deutlich genereller ist die Definition im englischen Sprachgebrauch:

„[Training is] the process of learning the skills you need to do a particular job or activity" [3]

An diese aus dem englischen stammende Definition, lehnt sich auch der Begriff des betrieblichen Trainings an. Ein mögliches Konzept lässt sich definieren durch die fünf Bereiche „into the job", „on the job", „along the job", „out of the job" und „off the job".[4]

Training Into the Job beschreibt Maßnahmen, um Fachkräfte für den Berufseinstieg zu qualifizieren. Im Speziellen sind hierbei schulische Bildung, die Berufsausbildung oder ein Studium gemeint. Training on the Job bezeichnet die Trainingsmaßnahmen am Arbeitsplatz für die jeweilige betriebliche Aufgabe. Die Einarbeitung in ein neues Softwaretool ebenso Training on the Job, wie der Erwerb von Zusatzqualifikationen. Training on the Job wird in der Regel mit Training off the Job kombiniert, um bessere Ergebnisse zu erzielen.[5] Training off the job lässt sich in zwei Unterkategorien unterteilen. Einerseits kann das Vermitteln von Fachwissen, Methoden oder Instrumenten oder andererseits das Training der Persönlichkeit des Mitarbeiters im Vordergrund stehen. Dabei geht es nicht nur darum Wissen zu vermitteln, also zu lernen, sondern auch das Gelernte durch Training zu verinnerlichen. Diese Mischung soll schlussendlich zur Erhöhung der Leistungsfähigkeit führen.[6] Beide funktionieren bestens in Kombination miteinander.

Die beiden verbleibenden Aspekte Training along the job, die Karriereplanung bzw. Laufbahnplanung und Training out of the Job, die Freisetzungsvorbereitung oder Ruhestandsplanung, spielen eine untergeordnete Rolle, weshalb sie nicht detailliert behandelt werden.

---

[2] (Duden, 2017)
[3] (Cambridge Dictionary, 2017)
[4] (Gabler Wirtschaftslexikon, 2017)
[5] (Bröckermann, 2016, S. 218)
[6] (Bröckermann, 2016, S. 234)

In betrieblichen Trainings ist es wichtig, Lernziele für diese zu definieren. So kann es beispielsweise auf die Mitarbeitermotivation abzielen oder aber die Kenntnisse in MS Office auf ein bestimmtes Niveau heben.[7]

Neben der Zielfestlegung und der Planung der Inhalte steht für Unternehmen auch immer der Aspekt der internen oder externen Durchführung zur Debatte. Für sämtliche betriebliche Bedürfnisse stehen hierfür Dienstleister zur Verfügung, die funktionierende Trainingskonzepte anbieten.[8]

2.1 Die menschliche Wahrnehmung

Für die Interaktion des Menschen mit der computerbasierten Simulation und den virtuellen Realitäten, muss der Mensch die bereitgestellten Informationen aufnehmen und verarbeiten können. Darauffolgend muss der Mensch durch die Äußerung des eigenen Willens mit der Umwelt interagieren können. Für die Erstellung virtueller Realitäten ist es somit erforderlich zu verstehen, wie dieser Prozess vonstattengeht[9].

Hierfür greift der Mensch auf die Perzeption (Wahrnehmung) zurück. Der Begriff „Perzeption" beschreibt das Produkt zweier nacheinander ablaufender Prozesse, dem Prozess der Informationsaufnahme und dem Prozess der Informationsverarbeitung. Die Wahrnehmung dient dem Menschen zur Anpassung der Umwelt. Dahinter verbirgt sich ein komplexer Prozess, bei welchem die sensorischen Informationen im Gehirn des Menschen organisiert und interpretiert werden[10].

Die Informationsaufnahme und somit die Wahrnehmung der Umwelt geschieht über die fünf Sinnesorgane des Menschen. Enthalten sind der Gehörsinn, Geruchssinn, Tastsinn, Sehsinn und der Geschmackssinn[11]. Für jeden Sinn stellt der menschliche Körper das entsprechende Sinnesorgan bereit. Die Informationsverarbeitung geschieht im Gehirn des Menschen. Abbildung 1.1 veranschaulicht die fünf Sinne des Menschen sowie das Gehirn.

---

[7] (von Rosenstiel, 2003, S. 70f.)
[8] (Becker & Berthel, 2017, S. 54 ff.)
[9] (Pädagogik, Online Lexikon für Psychologie und, 2017)
[10] (Pädagogik, Online Lexikon für Psychologie und)
[11] (Dörner, Grimm, Broll, & Jung, 2013, S. 33 ff.)

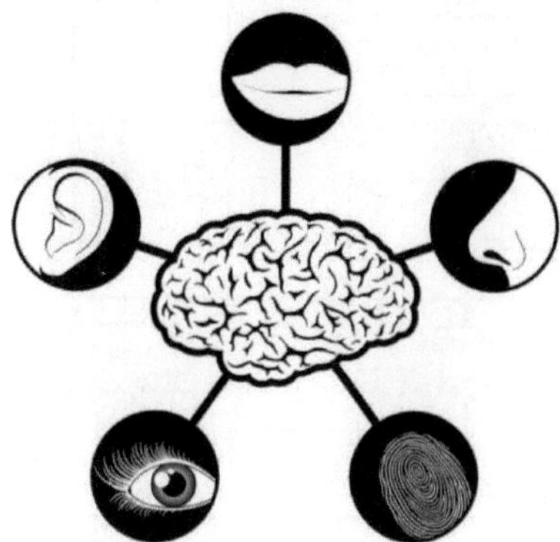

Quelle: https://www.youtube.com/watch?v=uAkWs4LIUJA

Die heutige VR-Technologie beschränkt sich auf die Simulation des visuellen, des akustischen und des haptischen Sinnens. Das Schmecken und Riechen wird nicht simuliert. Die Informationen einer virtuellen Realität werden somit durch die Augen, Ohren und über die Haut wahrgenommen[12].

Für das Verständnis der menschlichen Informationsverarbeitung wird der Mensch in Abbildung 1.2 als informationsverarbeitendes System dargestellt[13].

---

[12] (Pietraß & Funiok, 2010, S. 31)
[13] (Dörner, Grimm, Broll, & Jung, 2013, S. 35)

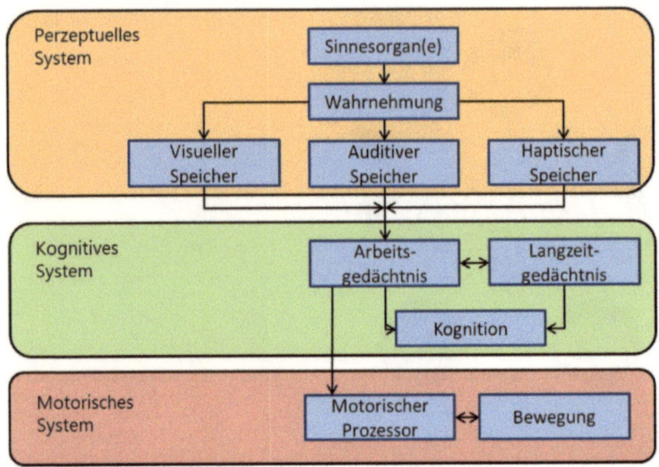

Quelle: R. Dorner et al. (Hrsg.), Virtual und Augmented Reality (VR/AR), Springer-Verlag Berlin Heidelberg 2013 S.35

Die Informationsaufnahme beginnt im perzeptuellen System. Die Sinnesorgane empfangen die Informationen aus der Umgebung. Je nach Informationsursprung werden diese Informationen in den dazugehörigen Speichern, dem visuellen, dem auditiven oder dem haptischen Speicher zwischengespeichert und anschließend an das kognitive System übergeben. Dies geschieht über die Nervenbahnen im Körper. Im kognitiven System werden die Informationen durch das Arbeitsgedächtnis sortiert und verarbeitet. Dieses Gedächtnis kann Informationen nur kurzweilig speichern und entscheidet nun über den weiteren Verlauf. Gilt es die Informationen über längere Zeit zu speichern, soll also ein Lernprozess erfolgen, so werden diese an das Langzeitgedächtnis übermittelt. Hier werden alle Lerneffekte gespeichert[14].

Enthält der Reiz jedoch Informationen, welche eine Reaktion des Menschen erfordern, so werden Impulse an das motorische System übermittelt. Hierbei handelt es sich um das System, welches sich dazu eignet, um sich mit der Umgebung austauschen zu können. Darunter fallen alle motorischen Prozesse wie Bewegungen und das Sprechen[15].

Der Begriff „Immersion" kann mit dem deutschen Wort „Eintauchen" übersetzt werden. Es beschreibt die Verminderung der Wahrnehmung für die eigene Person und die Erhöhung der Identifikation mit der Person innerhalb einer virtuellen Realität. Es beschreibt das Gefühl, Teil der virtuellen Welt zu

---

[14] (Kiesel & Koch, 2012, S. 131)
[15] (Dörner, Grimm, Broll, & Jung, 2013, S. 35)

sein[16]. Dadurch dient die Immersion als ein Maß für den Realismus einer Simulation. Dieser Grad ist abhängig von folgenden Kriterien[17]:

- Die Sinneseindrücke des Menschen sollten ausschließlich vom Computer generiert werden. Der Nutzer der virtuellen Realität soll weitgehend von Reizen der realen Umgebung abgeschottet sein. Somit entsteht eine Isolation von der realen Umgebung

- Es müssen möglichst viele Sinne angesprochen werden. Im Kontext der VR belaufen sich diese Sinne auf das Sehen, Hören und Tasten

- Der Mensch soll vom Ausgabegerät möglichst umschlossen werden, d.h. dass nicht nur ein Enges Sichtfeld als Schnittstelle zur virtuellen Realität dient, sondern sich der Teilnehmer frei in der Umgebung umsehen und bewegen kann, ohne dass er die Realität verlässt.

- Die Ausgabegeräte müssen eine „lebendige" Darstellung bieten. Dies bezieht sich auf die Auflösung und Darstellung der Umgebung. Diese muss als lebensecht empfunden werden.

Das Erfüllen dieser Kriterien ermöglicht einen hohen Immersionsgrad und eine gute Identifikation des Menschen mit der virtuellen Umgebung.

---

[16] (Kaulich, 2015, S. 11)
[17] (Dörner, Grimm, Broll, & Jung, 2013, S. 14)

2.2 Simulation

Eine Simulation ist eine möglichst genaue Nachbildung der Realität. Durch Abstraktion wird ein Modell geschaffen, an dem zielgerichtet experimentiert wird. Die daraus resultierenden Ergebnisse werden anschließend wieder auf das reale Problem übertragen.[18] Dieser Zusammenhang von realem System, dem daraus abgeleiteten Model und der anschließenden Simulation, wird in diesem Kapitel erläutert.

Grundlage jeder Simulation ist die Realität. Das untersuchte reale System wird mittels Abstraktion in einem Modell abgebildet. Modellierung bedeutet hier, dass die Strukturen und das Verhalten eines Systems mit niedrigerem Detaillierungsgrad als in der realen Welt beschreiben werden. Schlüsse aus Experimenten am Modell, lassen sich dann wieder auf reale Anwendungen übertragen. Die Simulation unterstützt dabei den Entscheidungsprozess in der realen Welt.[19]

Simulationsmodelle können in drei Bereich klassifiziert werden:

- Physikalische Modelle, zum Beispiel eines Flugzeugs im Windkanal oder abstrakte Modelle wie beispielsweise ein Unternehmensplanspiel.

- Modelle mit menschlicher Entscheidung, was im militärischen Umfeld als Sandkastenspiel zum Einsatz kommt, oder ohne menschliche Entscheidung zum Beispiel in der Simulation von Automaten.

- Deterministische Modelle kommen bei Wärmeflussgleichungen zum Einsatz oder stochastische Modelle, die bei der Nachbildung von Molekularbewegung zum Einsatz kommen.[20]

In der industriellen Produktion und der Logistik werden oft Anlagen und Prozesse simuliert. Das dynamische Verhalten des Systems unter Verwendung stochastischer Komponenten mit Zustandsänderungen an diskreten Zeitpunkten ist eines der häufigsten Anwendungsgebiete. Es werden Modelle eingesetzt, die ergebnisorientiert sind, d.h. Zustandsänderungen werden beim Eintritt von Ereignissen beschreiben und nachgebildet. Diese Art der Simulation nennt sich Discrete-Event-Simulation (DES). Komponenten hierbei sind Simulationsuhr, Ereigniskalender und statistischer Zähler. In dieser Ausarbeitung soll aufgrund der Komplexität an dieser Stelle nicht weiter in die Tiefe gegangen werden.[21]

---

[18] (Gabler Wirtschaftslexikon, 2017)
[19] (März & al., 2011, S. 13ff.)
[20] (Gabler Wirtschaftslexikon, 2017)
[21] (März & al., 2011, S. 14ff.)

2.3 Simulation zu Trainingszwecken

Durch eine steigende Automatisierung und Digitalisierung wird in den kommenden Jahren, der Anspruch an Arbeitnehmer stetig wachsen. Zunehmend werden Tätigkeiten von Maschinen oder Computern übernommen, was dazu führt, dass Menschen überwachende Funktionen übernehmen und nur noch bei Bedarf eingreifen. [22]Dies führt zu einem erhöhten Anspruch an das Fachwissen, so wie einer verbesserten Entscheidungskompetenz in den jeweiligen Situationen. Der Einsatz von Simulationen zu Trainingszwecken kann hierbei helfen, diese Herausforderungen zu meistern.

Simulationsorientiertes Training ermöglicht es, den Teilnehmern in einer virtuell erzeugten Umgebung Erfahrungen zu sammeln. Ohne Zeitdruck und Risiko können Fehler gemacht werden.[23] Auf diese Weise können neue Verhaltensweisen erlernt und auf die Realität übertragen werden, da Simulationen sich entsprechend der Eingabe des Nutzers anpassen und reagieren. Simulationen eignen sich daher besonders gut, um Entscheidungen und Verhaltensweisen einzuüben, die in der Realität nur unter großer Gefahr oder mit großem finanziellem Aufwand trainiert werden könnten. [24]

Simulationen zu Trainingszwecken können in den verschiedensten Bereichen eingesetzt werden. Neben dem Erlenen von Handlungsabläufen oder sozialen Fertigkeiten sind auch das Erlernen und Abfragen von Wissen möglich. Simulationen können in folgenden Bereichen eingesetzt werden:[25]

- Sport

- Produktion

- Medizin

- Betriebswirtschaftliche Bereiche

- Militär

- Polizei

- Feuerwehr

Simulationen für berufliches Trainings bieten viele Vorteile. Herauszuarbeiten sind der Trainingserfolg, eine kostengünstige und Risikoarme Durchführung sowie eine globale und definierte Durchführung der Trainings. Dem stehen entgegen, die hohen Entwicklungskosten und eine teilweise noch nicht ausgereifte Hardware.

---

[22] (Badke-Schaub, Hofinger, & Lau, 2012, S. 5f.)
[23] (Cress & Hesse, 2014, S. 307)
[24] (Nerdinger, Blickl, & Schape, 2014, S. 308ff.)
[25] (Cress & Hesse, 2014, S. 132)

3 Technologien

3.1 Virtual Reality

Zum jetzigen Zeitpunkt wurde der Begriff Virtual Reality (VR) noch nicht eindeutig definiert. Dies hängt mit der sich ständig weiterentwickelnden Technologie zusammen, welche für die Erstellung der Virtual Reality verwendet wird. Man ist sich jedoch einig, dass es sich bei der Virtual Reality um eine „computergenerierte, interaktive, nichtphysische, aber lebensechte Umgebung [...] handelt. [...] es kann eine[r] Wirklichkeit, mitsamt ihrer physikalischen Eigenschaften simuliert werden."[26]

Der Zweck der virtuellen Realität liegt in der Herstellung einer Schnittstelle zwischen Mensch und Maschine. Diese Schnittstelle wird dem Menschen als lebensechte Wirklichkeit präsentiert. Somit wird der Mensch Teil der Simulation und der virtuellen Realität und kann in dieser Umgebung verschiedene Szenarien simulieren und durchleben. Eine VR ermöglicht dem Nutzer ein Eintauchen in eine weitere Realität. Dies gelingt durch den hohen Immersionsgrad, welcher durch eine Virtual Reality bereitgestellt wird[27].

Die Simulation innerhalb der Virtual Reality können viele verschiedene Szenarien wiedergeben. Somit lassen sich viele Handlungsfelder ableiten. Hierfür müssen die wesentlichen Parameter eines realen Systems innerhalb der VR dargestellt werden. Somit kann man experimentell die Szenarien beeinflussen und das Ergebnis der Simulation interpretieren. Dies vermindert das Risiko bei gefährlichen Szenarien. Jedoch muss bei der Erstellung der VR immer darauf geachtet werden, dass die dargestellten Parameter auch der Realität entsprechen. Ansonsten lassen sich die erzielten Ergebnisse nicht übertragen. Hier spielt das genaue Nachempfinden der Realität eine große Rolle. Ebenso wichtig ist die psychologische Plausibilität. Die VR muss in sich geschlossen und stimmig sein, damit der Nutzer in diese neue Welt eintauchen kann[28].

Die VR ist ein sehr junges Wissenschaftsgebiet und zeichnet sich durch eine rasante Weiterentwicklung aus. Dem Fortschritt dieser Entwicklung liegt die zum heutigen Tage verfügbare Hardware zugrunde. Da die VR große Informationen bereitstellen muss, um dem Anwender eine plausible Realität bieten zu können, muss die Hardware sehr leistungsstark sein. Somit wächst das Potenzial der VR mit der Entwicklung der Computerhardware[29].

---

[26] (Conze, 2017)
[27] (Dörner, Grimm, Broll, & Jung, 2013, S. 9)
[28] (Badke-Schaub, Lauche, & Hofinger, 2012, S. 16)
[29] (Dörner, Grimm, Broll, & Jung, 2013, S. 12)

3.2 Abgrenzung der VR zu traditionellen Computergrafiken

Die Virtual Reality ist eine Weiterentwicklung der bestehenden, traditionellen Computergrafik, welche auch als Ausgangsbasis der VR gesehen wird. Jedoch erweitert die VR die Computergrafik in verschiedenen Kriterien. Hierunter fallen die Folgenden[30]:

3.2.1 Interaktivität

Die herkömmliche Computergrafik ist auf eine Interaktion durch Hilfsmittel angewiesen. Es kann zu keinem direkten Interagieren innerhalb des Szenarios kommen. Diese Interaktion geschieht z.B. durch Zuhilfenahme von Maus, Tastatur und Joystick. Die VR ermöglicht es dem Anwender sich in dem Szenario realitätsnah zu bewegen. Dies geschieht unter Zuhilfenahme der im Kapitel 3 beschriebenen Eingabegeräte. Hier hängt das verwendete Eingabegerät von der Usability ab.

3.2.2 Darstellung

Die Darstellung der VR muss in Echtzeit erfolgen. Die Anwender erwarten eine sofortige Reaktion des Systems auf getroffene Entscheidungen. Dies hängt mit dem hohen Realitätsgrad zusammen. Ein solches Verhalten erfordert einen hohen Rechenaufwand. Die traditionelle Computergrafik hat keinen zeitkritischen Anspruch. Hier kann die Darstellung in Einzelbildern oder vorgefertigten Animationen erfolgen.

3.2.3 Perzeption

Der Immersionsgrad einer VR ist um ein Vielfaches höher als von traditionellen Computergrafiken. Dementsprechend müssen mehr Sinne gleichzeitig eingebunden sein. Wie in Kapitel 1 erläutert, handelt es sich bei der VR um den visuellen, den akustischen und den haptischen Sinn. Die traditionelle Computergrafik beschränkt sich auf den visuellen und akustischen Reiz.

3.2.4 Immersion

Die Computergrafik bietet nur einen geringen Immersionsgrad. Dies hängt mit dem eingeschränkten Field of View (FOV) zusammen. Der Blick auf einen Bildschirm erlaubt dem Auge auch Dinge außerhalb der Darstellung zu betrachten und verhindert somit ein vollständiges Eintauchen in die gebotene Realität. Die VR bietet im Gegensatz dazu einen hohen Immersionsgrad. Das FOV wird ganzheitlich durch die VR abgedeckt und beeinflusst.

---

[30] (Dörner, Grimm, Broll, & Jung, 2013, S. 14)

3.3 Simulationsausprägung

Die Ausprägungen der Simulationen lassen sich anhand der Realitätstreue der Simulationen einordnen. Die Basis bildet die interaktive Computersimulation, darauf aufbauend lassen sich die Fidelity-Simulationen, unterteilt in Low, Mid und High einordnen[31].

Eine Computersimulation bildet einen dynamischen und komplexen Realitätsbereich ab. Dieser Realitätsbereich muss anhand der wesentlichen Aspekte definiert werden. Die Simulationsteilnehmer können anhand von selbst getroffenen Entscheidungen die Simulation beeinflussen. Hierfür werden den Teilnehmer Informationen bereitgestellt, welche für das Szenario entscheidend sind. Abbildung 2.2 veranschaulicht eine solche interaktive Computersimulation. Es handelt sich um das Planungstool „IPO.Log" der IPO.Plan GmbH. Dargestellt ist eine Fertigungsstraße, auf welcher Rennfahrzeuge gefertigt werden. Dem Anwender der Simulationen werden diverse Informationen zur Verfügung gestellt, darunter die Austaktung und die Anordnung der Fertigungsschritte. Durch Interagieren mit der Simulation kann der Anwender die Austaktung und somit die Simulation beeinflussen[32].

Abbildung2.1.: Interaktive Computersimulation

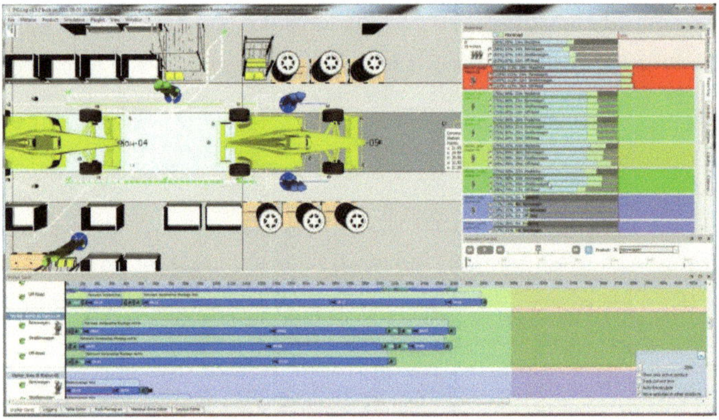

Quelle: https://www.youtube.com/watch?v=FwEN9sAPZAQ

Die „Low-Fidelity-Simulationen" stellen eine einfache Nachbildung der Realität mit klarem didaktischem Zweck dar. In dieser Umgebung werden nur die grundlegendsten Parameter dargestellt. Als Beispiel wäre hier ein Tamagotchi zu nennen. Diese Simulation eines Lebewesens muss gefüttert und bespaßt werden. Tiefgründigere Interaktionen können jedoch nicht stattfinden[33].

---

[31] (Badke-Schaub, Lauche, & Hofinger, 2012, S. 319 ff.)
[32] (IPO.Plan GmbH, kein Datum)
[33] (Badke-Schaub, Lauche, & Hofinger, 2012, S. 319)

Die „Mid-Fidelity-Simulation" erweitert den Realitätsgrad. Jedoch stellt diese Simulation kein realitätsgetreues Interface zur Verfügung. Somit werden alle grundlegenden Parameter dargestellt, die Interaktion mit der Simulation ist jedoch nicht komplett. Ein Beispiel für eine „Mid-Fidelity-Simulation" ist die Erste-Hilfe-Puppe eines Erste-Hilfe-Kurses. Die Puppe stellt alle Grundfunktionen eines menschlichen Körpers dar. Jegliche notwendigen Maßnahmen können an dieser Puppe simuliert werden. Jedoch bietet sie kein realitätsgetreues Interface, denn die Puppe ist nicht ansprechbar, simuliert keine Schmerzen und tauscht sich somit nur geringfügig mit den Anwendern aus[34].

Die „High-Fidelity-Simulation" bietet eine naturgetreue Nachbildung eines Arbeitsplatzes. Es werden alle Anzeige und Bedieneinheiten realistisch bereitgestellt. Somit ist auch das Interface der Simulation realitätsnahwiedergegeben. Weiterhin werden alle Umwelteinflusse, wie Geräusche, Temperatur und Bewegungen im Raum simuliert. Hierfür verfügt die Simulation über einen statischen Bereich, dem physischen Cockpit und einem dynamischen Bereich, die digitale Umgebung außerhalb des Cockpits (Vgl. Abbildung 2.3).

Abbildung.2.2.: Aufbau einer High-Fidelity-Simulation

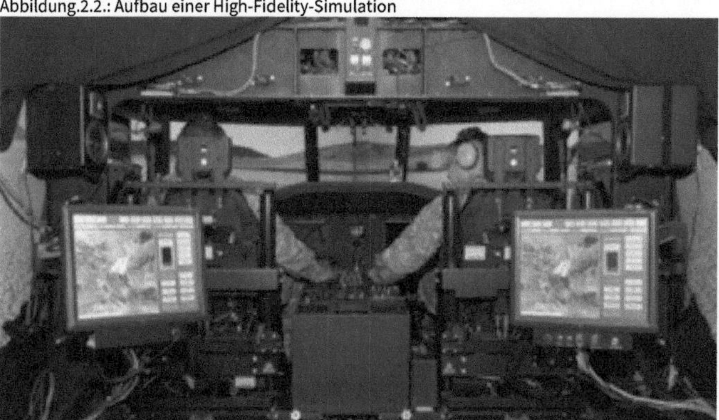

Quelle: http://www.flickriver.com/photos/apenny/3393313526

3.3.1 Anwendungen von VR

Die VR findet in vielen verschiedenen Branchen und Industrien Verwendung. Ein wichtiger Bereich ist das Militär. Hier können diverse Gefechte und Schlachten simuliert werden. Auch können U-Boot-Besatzungen und Piloten Gefahrensituationen üben und sind somit im Ernstfall auf diese Situationen vorbereitet[35]. Der medizinische Bereich gehört ebenfalls zu den größeren Anwendungsgebieten. Herangehende Ärzte können so risikofrei praktische Erfahrungen sammeln. Durch die Simulation der

---

[34] (Badke-Schaub, Lauche, & Hofinger, 2012, S. 319)
[35] (Bastian, 2016)

Operationen besteht kein Risiko für die Patienten. Des Weiteren können Spezialoperationen im Vorfeld trainiert und simuliert werden[36].

Ein schon lange bekanntes Einsatzgebiet ist die Simulation eines Fluges bzw. eines Cockpits. Hier bietet der Einzug der Virtual Reality aber einige Vorteile, denn die Szenarien können wesentlich detaillierter simuliert werden[37]. Seit nun 40 Jahren ist es möglich das Personal von Kernkraftwerken gezielt durch Simulationen zu schulen. Hierfür wurde ein Kontrollzentrum exakt nachgebaut. Es können bis zu 20.000 Parameter simuliert werden. Ziel ist es die Teilnehmer auf einen Ernstfall vorzubereiten und das richtige Handeln zu üben[38]

3.3.2 Vor- und Nachteile von VR

Im Bereich des Trainings bieten VR-Simulationen sehr viel Vorteile. Der hohe Immersionsgrad ist ein ganz klarer Vorteil gegenüber traditionellen Trainingsmethoden. Das Eintauchen des Teilnehmers in eine neue Realität festigt das gelernte Wissen und ermöglicht ihm die gelernten Lösungswege im Ernstfall besser umzusetzen. Daraus resultiert auch eine hohe Trainingsqualität. Weiterhin lässt sich die virtuelle Realität auch an die Bedürfnisse der Teilnehmer anpassen. Ein weiterer Vorteil ist, dass auch Gefahrensituationen ohne Risiko simuliert werden können.

Jedoch ist die Anschaffung der Soft- und Hardware für das Erstellen von VR mit hohen Investitionskosten verbunden. Für die reibungslose Verwendung von VR benötigt man eine sehr große Rechenleistung, welche nur von High-End-Computern zur Verfügung gestellt werden kann. Die Simulationen müssen meist von externen Dienstleistern erstellt werden. Sollten diese Investitionen jedoch getätigt sein, so ist die Verwendung von VR-Simulationen für Trainingszwecke kostengünstiger. Denn kostspielige Szenarien, welche früher aufwendig geplant und erstellt werden mussten, können durch die VR einfach per Knopfdruck von vorne simuliert werden.

Die VR ist noch ein sehr junges Technologiefeld und folglich noch nicht völlig ausgereift. Es gibt noch sehr viel Verbesserungspotential, welches in den kommenden Jahren erforscht werden wird. Auch die tatsächlichen Auswirkungen auf die Gesellschaft (Vgl. Kapitel 4) ist noch nicht abzusehen[39].

---

[36] (Friedrich, 2016)
[37] (Dörner, Grimm, Broll, & Jung, 2013, S. 19)
[38] (KSG Kraftwerks-Simulator-Gesellschaft mbH, kein Datum)
[39] (Dörner, Grimm, Broll, & Jung, 2013, S. 8 ff.)

3.3.3 Augmented Reality

Augmented Reality bezeichnet eine computerunterstützte Wahrnehmung bzw. Darstellung, welche die reale Welt um virtuelle Aspekte erweitert.[40]

Die Augmented Reality kann als Teil der Virtual Reality gesehen werden, mit dem Hauptunterschied, dass in der Augmented Reality die tatsächliche Realität noch gesehen wird. [41]Wenngleich sie viele Gemeinsamkeiten haben, unterschieden sich Virtual Reality und Augmented Reality voneinander. In der Virtual Reality können beliebige Szenarien, unabhängig von Zeit, Raum oder physikalischen Gesetzten dargestellt werden. Die Augmented Reality hingegen ist durch ihren starken Realitätsbezug an diese Gegebenheiten gebunden.

Abbildung2.3.: Beispielanwendung von Augmented Reality

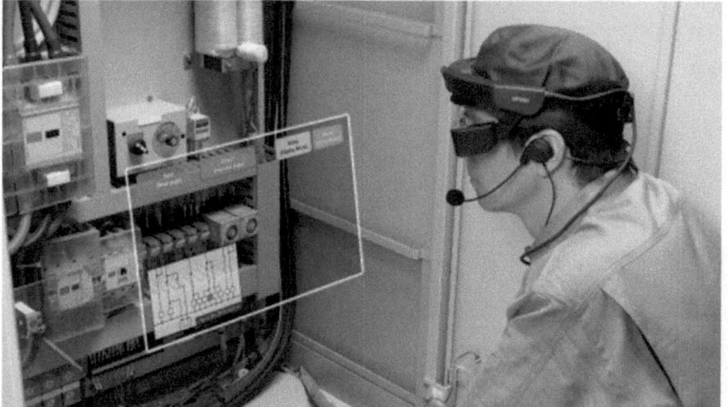

Quelle: https://blogs.cisco.com/energy/augmented-reality-a-new-reality-for-utilities

Wie im oberen Bild zu sehen, kann ein Elektroinstallateur beispielsweise durch eine Augmented Reality im Training on the Job unterstützt werden, indem Schaltpläne, Verschaltungen oder Gefahrenhinweise eingeblendet werden.

3.3.4 Technische Umsetzung

Für den Immersionsgrad, der Augmented Reality Anwendung, ist es sehr wichtig, keine statischen Objekte zu verwenden. Daher müssen aktueller Standort, dynamische Faktoren und aktuelle Informationen in der Simulation mitberücksichtigt werden. Die technische Umsetzung, im Vergleich zur Vir-

---

[40] (Gabler Wirtschaftslexikon, 2017)
[41] (Billinghurst, 2015, S. 14f.)

tual Reality, unterscheidet hauptsächlich in der Aufnahme und Verarbeitung aktueller Informationen aus der Realität.[42] Hierzu sind folgende Schritte notwendig:

- Videoaufnahme
- Tracking
- Registrierung
- Darstellung
- Ausgabe

Vereinfacht funktioniert der Ablauf wie folgt. Zunächst wir eine Videoaufnahme von der Umgebung gemacht. Die Position, Lage und Orientierung einzelner Objekte wir anschließend festgehalten (Tracking). Die Registrierung verankert die virtuellen Objekte in der Realität und ist Grundlage für die Darstellung, die anschließend berechnet wird. Die Ausgabe der Verbindung von aufgenommener Realität mit den ergänzten Objekten schließt den Prozess ab. Der Prozess wird im folgenden Bild nochmals visuell dargestellt.

Abbildung 2.4.: Prozess der Darstellung von Augmented Reality

Quelle: (Dörner, Grimm, Broll, & Jung, 2013, S. 242)

3.3.5 Anwendung

Augmented Reality findet in ähnlichen Bereichen wie die Virtual Reality Anwendung. Zu den frühen Anwendern zählen das Militär und die Automobilbrache. Auch in neuen Bereichen, wie der Medizin oder der Berufsausbildung, wird die Augmented Reality vermehrt eingesetzt.

Ein neueres Beispiel aus dem Bereich Training into the Job, also der Berufsausbildung, ist das Schweißtraining mittels Augmented Reality der Firma Boxford Holding Ltd. aus Großbritannien.

---

[42] (Dörner, Grimm, Broll, & Jung, 2013, S. 242f.)

Abbildung 2.5.: Augmented Reality Welding

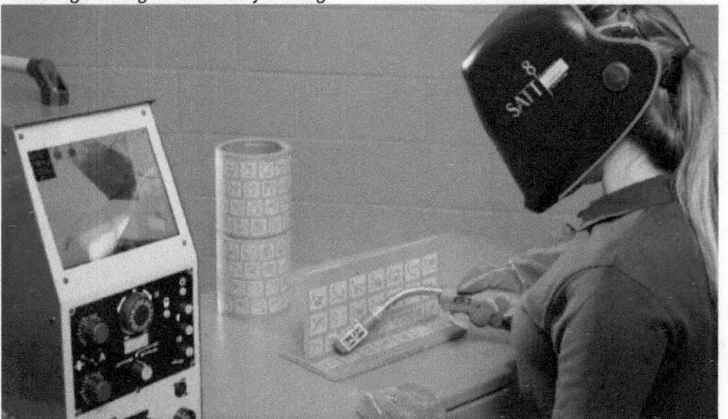

Quelle: http://www.boxford.co.uk/cms/boxford-content/uploads/2014/05/Welding_1-new.jpg

Bei dieser Anwendung wird mittels eines eigens entwickelten Systems, das Schweißen unterschiedlicher Anschlagarten und Nahtarten simuliert (s. Abbildung 2.5). Hierfür wird die Schweißkolbenattrappe von der Augmented Reality Brille im Schweißhelm gescannt und das Schweißen in der Brille realitätsgetreu nachgebildet, wie in Abbildung 2.6 zu sehen ist. Größter Vorteil dieser Anwendung ist eine Unterstützung des Auszubildenden durch Zusatzinformationen zu Schweißparametern. Das Training kann darüber hinaus ohne großen Material- und Energieeinsatz durchgeführt werden. Darüber hinaus entstehen bei der Simulation keine giftigen Gase und die Gefahr des Verbrennens der Haut oder des Verblitzens der Augen entfällt ebenfalls komplett. Des Weiteren kann das Training mit der Augmented Reality Lösung an jedem beliebigen Ort durchgeführt werden, ohne auf Brandschutzvorkehrungen Rücksicht zu nehmen.

Abbildung 2.6.: Augmented Reality Welding Ausgabegerät

Quelle: http://www.boxford.co.uk/equipment/augmented-reality-welding/

Alles in allem bietet die Lösung der Firma Boxford Holding Ltd. eine sichere und kostengünstige Alternative, um Schweißen zu erlernen und zu trainieren.

3.3.6 Vor- und Nachteile

Wie auch die Virtual Reality, hat Augmented Reality Vor- und Nachteile. Größter Nachteil sind sicherlich die hohen Investitionskosten. Teilweise ist auch die noch nicht ausgereifte Technik ein Problem, beispielsweise beim Einsatz von schweren und unhandlichen Augmented Reality Brillen. Hauptgrund und weiterer Nachteil der Augmented Reality ist das noch nicht gelöste Problem der Energieversorgung. Darüber hinaus sind die gesellschaftlichen Einflüsse der Augmented Reality noch nicht absehbar. Dieses Thema wird allerdings im Kapitel „Gefahren der virtuellen Welt" genauer behandelt.

Vorteile der Augmented Reality sind die Hilfestellungen, die die Technologie dem Lernenden beim betrieblichen Training bieten kann. So können Trainierende in Echtzeit und on the Job aus- und weitergebildet werden. Augmented Reality kann somit bei der Fehlervermeidung helfen. Durch den Einsatz der Technologie können Arbeitnehmer zusätzlich entlastet werden. Durch die Benutzung einer Datenbrille können Suchzeiten reduziert und zusätzlich die Parallelisierung von Nebentätigkeiten ermöglicht werden. Durch die Echtzeit Bereitstellung von Informationen können die Trainingszeiten und zusätzlich die Kosten für Trainings deutlich reduziert werden.

Tabelle2.1: Vor- und Nachteile von Augmented Reality

Vorteile	Nachteile
• Hilfestellung in realen Situationen • Fehlervermeidung • Entlastung des Nutzers • Echtzeit Training	• Sehr hohe Investitionskosten • (Noch) nicht ausgereifte Technik • Energieversorgung • Nicht absehbare Auswirkung auf Gesellschaft

4 Ein- und Ausgabegeräte

4.1 Eingabegeräte

Zur Interaktion mit der virtuellen Realität benötigt der Teilnehmer diverse Eingabegeräte. Anders als bei der traditionellen Computergrafik findet die Interaktion mit der Umwelt nicht im zweidimensionalen Raum, sondern im dreidimensionalen Raum statt. Dementsprechend müssen die Eingabegeräte auch alle möglichen Freiheitsgrade, welche in der Realität möglich sind auch in der virtuellen Realität abbilden können. Die Eingabegeräte dienen somit der Erfassung des Nutzers im Raum. Die Auswahl des Eingabegerätes hängt von der Usability ab. Entscheidend ist, welche Interaktion mit der VR gefordert wird[43].

Ist die Interaktion mit nicht standardisierten Bedienelementen gefordert, so findet das Fingetracking Verwendung. Hierbei wird zum einen die Position der Hand im dreidimensionalen Raum ermittelt, anschließend muss die Fingerkrümmung der Hand nachempfunden werden. Die Erfassung der Krümmung ist bei Greifbewegungen erforderlich, damit das System erkennen kann, wann der Teilnehmer welches Objekt greift. Die Fingerkrümmung kann auf drei verschiedenen Wegen ermittelt werden. Zum einen mechanisch durch Dehnungsmessstriefen, welche die Veränderung der mechanischen Gelenke interpretieren. Zum anderen elektronisch über Potenziometer, welche den Widerstand bei Biegungen verändern, oder optisch über Lichtwellenleiter[44].

Eine weitere Möglichkeit der Interaktion mit der Umwelt ist das Eye-Tracking. Hierbei findet die Interaktion durch Blickkontakt statt. Eine Eye-Tracking Kamera nimmt die Bewegung der Pupille auf und schließt daraus auf die Position und Blickrichtung des Auges. Durch Blinzeln oder längeres Hinsehen können Objekte im Sichtfeld ausgewählt und mit Ihnen interagiert werden. Besondere Anwendung findet diese Technologie bei der Augmented Reality[45].

---

[43] (Dörner, Grimm, Broll, & Jung, 2013, S. 97 ff.)
[44] (Dörner, Grimm, Broll, & Jung, 2013, S. 114 ff.)
[45] (Albrand, 2015)

Für die Aufnahme und Abbildung des ganzen Körpers innerhalb einer virtuellen Realität verwendet man zum heutigen Zeitpunkt das optische Tracking. Dieses Verfahren weist eine hohe Genauigkeit und Flexibilität auf. Je nach Anwendungsbereich kann zum einen zwischen dem Insight-Out und dem Outside-In-Tracking unterschieden werden. Weiterhin unterscheidet man zwischen dem markenlosen und dem markenbasierten Verfahren[46].

Beim Markenbasiertem Tracking werden auf dem darzustellenden Objekt mehrere Lichtreflektoren („passive Marker") bzw. Lichtemitter („aktive Marker") angebracht (Vgl. Abbildung 3.1)[47].

Abbildung 3.1.: Markenbasiertes Optisches Tracking

Quelle: R. Dorner et al. (Hrsg.), Virtual und Augmented Reality (VR/AR), Springer-Verlag Berlin Heidelberg 2013 S.108

Diese Marker bestimmen die Position und Bewegung des Objektes im Raum. Aktive Marken emittieren Infrarotlicht durch LEDs, welches von einem Kamerasystem aufgenommen wird. Passive Marken werden von dem Kamerasystem aktiv bestrahlt und emittieren selbst keine Signale. Bei einer geringen Distanz von unter 10 Metern kommen passive Marken zum Einsatz. Sollten weitere Strecken überbrückt werden so müssen aktive Marken verwendet werden. Für die genaue Bestimmung des Objektes im Raum müssen mindestens drei Marken mit bekannter Position zueinander installiert werden[48].

Eine andere Möglichkeit des optischen Trackings ist das Markenlose Tracking. Hierbei finden keinerlei Marken an den Objekten Verwendung. Dieses Verfahren kann jedoch nur verwendet werden, wenn die Konturen des zu trackenden Objektes bekannt sind. Diese Informationen können anhand von

---

[46] (Dörner, Grimm, Broll, & Jung, 2013, S. 104 ff.)
[47] (Economic Engineering, 2017)
[48] (Economic Engineering, 2017)

CAD-Zeichnungen vorliegen. Eine Farb- und Tiefenkamera projiziert ein Infratornetz auf das darzustellende Objekt und gleicht die Informationen mit den bekannten Eigenschaften ab[49].

Das Inside-Out-Verfahren verlagert die benötigte Technik zur Positionserkennung in den darzustellenden Raum. Das Objekt wird mit einer Kamera verbunden. Die Position der Kamera kann durch Referenzpunkte in der Umgebung genau bestimmt werden. Das Outside-In-Verfahren zeichnet sich durch die Verlagerung der Kameras nach außerhalb des Szenarios aus. Durch ein vorher definiertes Koordinatensystem kann die Position des Objektes exakt bestimmt werden. Das Outside-In-Verfahren wird meist in Verbindung mit dem markenbasierten Tracking verwendet.[50]

4.2 Ausgabegeräte

Die Ausgabegeräte dienen der Kommunikation der Simulation mit dem Menschen. Durch die Ausgabegeräte wirkt die Simulation auf den Menschen. Unterscheiden kann man bei den Ausgabegeräten zwischen der persönlichen und der Mehrbenutzer Ausgabe. Im Rahmen dieser Fragestellung sind besonders die persönlichen Ausgabegeräte entscheiden, welche im Folgenden näher beschrieben werden[51].

Im Bereich der persönlichen Ausgabegeräte finden Head-Mounted-Displays (HMD) die größte Verwendung. Diese können sowohl für die VR als auch für die AR verwendet werden[52].

Für die Virtual Reality verwendet meine eine Direktsicht-HMD. Hierbei werden die Informationen zunächst durch einen Rechner bereitgestellt und verarbeitet. Durch eine Schnittstelle zur Brille, welche kabellos aber auch durch ein Kabel realisiert werden kann werden die Daten an die Brille übertragen. Die HMD-Elektronik verarbeitet die erhaltenen Informationen und projiziert diese auf ein Display. Das Ganze findet abgeschottet zur realen Welt statt. Der Nutzer sieht nur die Informationen, welche ihm vom Rechner gezeigt werden (Vgl. Abbildung 3.2).

Der Aufbau der Durchsicht-HMD ist ähnlich, unterscheidet sich jedoch in der Art der Informationsdarstellung. Der Nutzer sieht hierbei die reale Welt. Ihm werden aber weitere Informationen durch einen Strahlleiter in das Sichtfeld projiziert (Vgl. Abbildung 3.2)[53].

---

[49] (Dörner, Grimm, Broll, & Jung, 2013, S. 107)
[50] (Dörner, Grimm, Broll, & Jung, 2013, S. 107)
[51] (Dörner, Grimm, Broll, & Jung, 2013, S. 129 ff.)
[52] (Bronsch, 2016, S. 10 ff.)
[53] (Dörner, Grimm, Broll, & Jung, 2013, S. 147)

Abbildung.3.2.: Links Aufbau einer Direktsicht-HMD; Rechts Aufbau einer Durchsicht-HMD

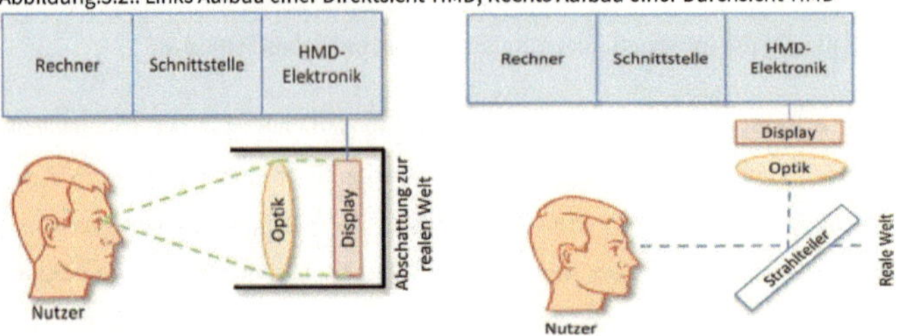

Quelle: *Virtual und Augmented Reality (VR/AR)*, Springer-Verlag Berlin Heidelberg 2013 S.147

5 Gefahren der virtuellen Welt

Wie alle neuen Technologien bergen auch Technologien zur Simulation Gefahren und Risiken. Bisher wurde lediglich auf die technische Umsetzung sowie die Vorteile und die Potenziale, die virtuelle Realitäten bieten können, eingegangen. Im Folgenden soll auch auf die Risiken und Gefahren aufmerksam gemacht werden, die diese Technologien mit sich bringen. Bereits auf dem heutigen Stand der Technik ist eine zunehmende Verschmelzung von reale- und virtuelle Welt zu erkennen. Diese Verschmelzung, kann weitreichende Folgen für das Agieren in der realen Welt haben. Da die virtuelle Welt ein risikoloses Handeln, ohne weitreichende Konsequenzen ermöglicht, liegt die Befürchtung nahe, dass das ethische und moralische Verantwortungsbewusstsein schwindet.

Das Suchtpotenzial bei heutigen Computerspielen ist bereits sehr hoch. Durch eine erhöhte Immersion der virtuellen Welt könnte dieses Suchpotenzial nochmals deutlich gesteigert werden. [54]

Die Motion Sickness ist ein weiteres Indiz, für die Gefahren der virtuellen Realität. Die Motion Sickness, ist eine Krankheit, die recht häufig und sehr schnell beim Benutzen einer VR-Brille auftreten kann. Die sogenannte Kinetose ist nicht lebensbedrohlich, kann aber zu unangenehmen Reaktionen wie Übelkeit, Schwindelgefühl oder Orientierungsprobleme führen. Motion Sickness ist vergleichbar mit der Seekrankheit. [55]

In der Psychotherapie werden schon heute erste Versuche mit virtuellen Welten zur Behandlung psychischer Erkrankungen gemacht. Grund hierfür ist eine spürbare Auswirkung auf die menschliche Psyche, schon nach kurzer Zeit. [56] Die Anwendung einer virtuellen Realität ist für den Probanden dabei so echt, dass man sich auch in andere Körper hineinversetzten kann. Ein Beispiel für die Anwendung einer solchen virtuelle Realitäten, welche die Psyche des Menschen beeinflussen, ist ein Experiment mit Straftätern. Die wegen Gewalt gegen Frauen verurteilen Männer wurden mithilfe einer Simu-

---

[54] (OnlyVR, 2016)
[55] (OnlyVR, 2016)
[56] (Biederbeck, 2016)

lation in den Körper, einer Frauen versetzt. In der Simulation wurden die Straftäter dann von einem großen, Furcht einflößenden Mann bedrängt, der sie anschrie und ihnen drohte. Alle Probanden berichteten, dass sie sich in den Körper der Opfer hineinversetzten und so das Leid nachvollzogen konnten.[57]

[57] (Wolfangel, 2016)

6 Fazit und Ausblick

6.1 Fazit

In unserer hoch automatisierten Welt spielt das richtige Training der Mitarbeiter eine immer größer werdende Rolle. Hierbei können die, in dieser Arbeit beschriebenen, neuen Technologien unterstützen. Die Anwendungsvielfalt der Simulationen reichen von der Übung einfacher Grundaufgaben bis hin zu komplexen, sicherheitsrelevanten Szenarien.

Durch das Durchleben der komplexen Szenarien können die Teilnehmer sich auf den Ernstfall vorbereiten. Gerade in risikobehafteten und sicherheitsrelevanten Bereichen ist eine gute Vorbereitung essenziell, denn im Ernstfall bleibt meist keine Zeit zur Improvisation. So kann ein Pilot eine Notlandung üben, ohne sich oder andere Beteiligten bei dem Training zu gefährden.

Wichtige Vorteile einer VR-/AR-Simulation sind das direkte Feedback, welches der Computer direkt zur Verfügung stellen kann. Dadurch kann bei einer nicht befriedigenden Leistung das Szenario wiederholt und erneut durchlebt werden. Hierbei entstehen Lernerfolge durch die Wiederholung der Szenarien. Wie bereits besprochen, finden Simulationen in kontrollierten Umgebungen und Bedingungen statt. Es besteht keinerlei Gefährdung für die beteiligten Personen, auch wenn gefährliche Szenarien, wie z.B. ein Gefecht oder ein Notfalleinsatz, trainiert werden. Auch lässt sich der Schwierigkeitsgrad der Simulation anpassen. Dadurch können verschiedene Teilnehmer die Simulation verwenden, unabhängig von ihrem Wissen und Können.

Zum heutigen Zeitpunkt lässt sich nur erahnen, welches Potenzial in der beschriebenen Technologie noch steckt. Die Entwicklung der virtuellen Realitäten ist in großem Maße abhängig von der zur Verfügung stehenden Hard- und Software. Fest steht jedoch, dass schon viele Bereiche diese Technologie für ihre Trainingszwecke nutzen und es werden immer weitere Anwendungsbereiche gefunden.

6.2 Ausblick

Im Folgenden wird ein Ausblick in die weitere Entwicklung der virtuellen Realitäten gewährt. Zunächst sei gesagt, dass es bis zum heutigen Tage schwer abzuschätzen ist, in wieweit sich das Technologiefeld entwickeln wird und welche Potenziale, aber auch Grenzen bestehen.

Diese Prognose stützt sich auf eine Studie der KMPG AG. Demnach sollen die neuen Technoligen, VR und AR, bis zum Jahre 2019 fester Bestandteil des Alltages der Menschen werden. Für künftige Generationen ist der Gebrauch gegenwertig und nicht mehr aus ihrem alltäglichen Handeln zu entfernen. Im Jahre 2024 wird die erste Avatar-Mensch Interaktion innerhalb einer virtuellen Realität stattfinden. Hierbei werden alle Kommunikationskanale nutzbar sein, welche aus einer herkömmlichen Mensch-Mensch Interaktion bekannt sind, darunter fallen Blickkontakt sowie verbale und nonverbale Kommunikation.

Sechs Jahre später könnte die Menschheit die erste virtuelle Reise erleben. Der Geist des Menschen erlebt somit ein einzigartiges Urlaubserlebnis, während der physische Körper an einem anderen Ort verweilt. Im Jahre 2040 sollen keine externen Geräte verwendet werden müssen. Die VR kommuniziert direkt mit dem Gehirn des Menschen. Vier Jahre später entsteht das erste digitale Lebensarchiv. Der Mensch kann seine gesammelten Erfahrungen erneut durchleben.

7 Literaturverzeichnis

Albrand, C. (23. September 2015). *VRODO*. Abgerufen am 06. Dezember 2017 von https://vrodo.de/eye-tracking-integriert-starvr-misst-augenbewegungen/

Badke-Schaub, P., Hofinger, G., & Lau, K. (2012). *Human Factors – Psychologie sicheren Handels in Risikobranchen*. Berlin: Springer.

Badke-Schaub, P., Lauche, K., & Hofinger, G. (2012). *Human Factors*. Berlin Heidelberg: Springer-Verlag.

Bastian, M. (11. Juli 2016). *VRODO*. Abgerufen am 06. Dezember 2017 von https://vrodo.de/vr-training-mixed-reality-simulator-fuer-das-militaer/

Becker, F., & Berthel, J. (2017). *Personal-Management: Grundzüge für Konzeptionen betrieblicher Personalarbeit*. Stuttgart: Schäffer Poeschel.

Biederbeck, M. (06. 06 2016). *wired.de*. Von wired: https://www.wired.de/collection/science/wie-sich-eine-reise-die-virtual-reality-auf-unsere-psyche-auswirkt abgerufen

Billinghurst, M. (2015). *A Survey of Augmented Reality*. Breda: Now Publishers.

Bröckermann, R. (2016). *Personalwirtschaft: Lehr- und Übungsbuch für Human Resource Management*. Stuttgart: Schäffer Poeschel.

Bronsch, J. (2016). *Vergleich von Virtual- und Aufmented-Reality in Bezug aif deren Gemeinsamkeiten und Probleme*. Hamburg: Hochschule für Angewandte Wissenschaften Hamburg.

Cambridge Dictionary. (01. 12 2017). *dictionary.cambridge.org*. Von Cambridge Dictionary: https://dictionary.cambridge.org/dictionary/english/training abgerufen

Conze. (2017). Die neue Dimension der Realität. (August 2017).

Cress, U., & Hesse, F. (2014). *Wissenskollektion - 100 Impulse für Lernen und Wissensmanagement in Organisationen*. Berlin: Springer Gabler.

Dörner, R., Grimm, P., Broll, W., & Jung, B. (2013). *Virtual und Augmented Reality (VR/AR)*. Berlin Heidelberg: Springer-Verlag.

Duden. (01. 12 2017). *Duden.de*. Von Duden: https://www.duden.de/rechtschreibung/Training abgerufen

Economic Engineering. (1. 12 2017). *Economic Engineering*. Abgerufen am 06. Dezember 2017 von https://www.economic-engineering.de/41-default/424-marker.html

Friedrich, T. (28. März 2016). *t3n*. Abgerufen am 06. Dezember 2017 von http://t3n.de/news/virtual-reality-medizin-bald-691207/

Gabler Wirtschaftslexikon. (01. 12 2017). *wirtschaftslexikon.gabler.de*. Von Gabler Wirtschaftslexikon: http://wirtschaftslexikon.gabler.de/Definition/training.html abgerufen

Gabler Wirtschaftslexikon. (25. 11 2017). *wirtschaftslexikon.gabler.de*. Von Gabler Wirtschaftslexikon: http://wirtschaftslexikon.gabler.de/Definition/simulation.html abgerufen

Gabler Wirtschaftslexikon. (11. 11 2017). *wirtschaftslexikon.gabler.de*. Von Gabler Wirtschaftslexikon: http://wirtschaftslexikon.gabler.de/Archiv/596505857/augmented-reality-v3.html abgerufen

IPO.Plan GmbH. (kein Datum). *IPO.Plan*. Abgerufen am 05. Dezember 2017 von https://www.ipoplan.de/software/montage/

Kaulich, C. (2015). *Immersion und Interaktion in Virtual Reality Anwendungen*. Leipzig: Universität.

Kiesel, A., & Koch, I. (2012). *Lernen*. Wiesbaden: Springer Fachmedien gmbH.

KSG Kraftwerks-Simulator-Gesellschaft mbH. (kein Datum). *Simulatorzentrum*. Abgerufen am 06. Dezember 2017 von http://simulatorzentrum.de/

März, L., & al., e. (2011). *Simulation und Optimierung in Produktion und Logistik*. Berlin: Springer.

Macho, A., & Kuhn, T. (29. 11 2017). *wiwo.de*. Von Wirtschaftswoche: http://www.wiwo.de/technologie/gadgets/virtual-reality-schneller-lernen-besser-forschen-und-bequemer-konstruieren/10038298-4.html abgerufen

Nerdinger, F., Blickl, G., & Schape, N. (2014). *Arbeits- und Organisationspsychologie*. Berlin: Springer.

OnlyVR. (18. 07 2016). *onlyvr.de*. Von OnlyVR: http://www.onlyvr.de/virtual-reality/gefahren abgerufen

Pädagogik, Online Lexikon für Psychologie und. (05. 12 2017). *Online Lexikon für Psychologie und Pädagogik*. Abgerufen am 05. Dezember 2017 von http://lexikon.stangl.eu/4674/wahrnehmung/

Pietraß, M., & Funiok, R. (2010). *Mensch und Medien - Philosophische und sozialwissenschaftliche Perspektiven*. Wiesbaden: GWV Fachverlag GmbH.

von Rosenstiel, L. (2003). *Grundlagen der Organisationspsychologie*. Stuttgart: Schäffer-Poeschel.

Wolfangel, E. (16. 06 2016). *stuttgarter-zeitung.de*. Von Stuttgarter Zeitung: https://www.stuttgarter-zeitung.de/inhalt.virtuelle-realitaet-verdammt-echt.0f20f646-2e92-4201-a73f-84776592b9ce.html abgerufen

8 Abbildungsverzeichnis

9 Tabellenverzeichnis